KB196568

글 김리나

서울교육대학교를 졸업한 뒤 같은 학교 대학원에서 수학 교육으로 석사 학위를, 미국 보스턴 대학에서 수학 교육으로 철학 박사 학위를 받았습니다. 국내 수학 교육 정책 연구, 초등학교 국정, 검인정, 디지털 교과서 개발에 참여하며 수학 교육가로 활동하고 있습니다. 펴낸 어린이책으로 '선생님도 놀란 초등수학 뒤집기' 시리즈의 『약수와 배수의 이해』와 『어림하기』 편을 비롯해 '수학 교과서 개념 읽기' 시리즈, '수학이 풀리는 수학사' 시리즈, '수학 박사의 똑똑한 숫자 쓰기' 시리즈, 『세계로 떠나는 수학 도형 여행』, '도전! 수학 플레이어' 시리즈 등이 있으며, 수학 교육서 『초등학교 수학, 어떻게 가르치지?』(공저) 『수학을 못하는 아이는 없다』 등을 썼습니다.

그림 김래현

만화와 일러스트를 그립니다. 만화 『아주 약간의 변화』 『실로 놀라운 일』 『지역의 사생활 99: 담양』 등을 냈고, '환상 해결사' 시리즈와 『주말엔 옷장 정리』 『바다 사나이 신드바드, 일곱 번의 여행』 『레고 가족』등에 그림을 그렸습니다.

꿈의 아이돌
타라
취미는 수학,
무대는 운명
김리나 동화
김래현 그림
창비

늘 새롭고 놀라운 이야기를
들려주는 송하에게

★ 등장인물 소개 ★

최고의 아이돌을 꿈꾸는 열혈 흑표범.
그런데 남들이 이해하지 못하는 독특한
취미가 있다고……. 그건 바로 수학 문제 풀기!

이데아의 리더이자 메인 보컬인 곰.
부드러운 카리스마로 최상의 결과물을
만들어 내는 다재다능한 실력자다.

이데아의 메인 래퍼인 장난꾸러기 라쿤.
꽁꽁 얼어붙은 분위기도 말 한마디로
사르르 녹이는 분위기 메이커다.

이데아의 메인 댄서인 반전 매력 하이에나.
평소 수줍은 많은 모습과 달리 무대 위에서는
누구보다 자유롭고 당당한 춤을 선보인다.

또바

왕대박 기획사의 대표인 카피바라.
인자해 보이는 인상과 다르게 냉철한 판단력으로
기존에 없던 새로운 아이돌을 꿈꾼다.

아르

호들갑스럽지만 정 많고 성실한 판다.
'생방송 뮤직 필즈'의 연출을 담당했으나
과감히 그만두고 이데아의 매니저가 된다.

샤인

탁월한 감각으로 반짝이는 스타일을
완성하는 공작새. 아이돌이라면 누구나
함께하고 싶어 하는 스타일리스트다.

체리버니

엘리시움 최고의 인기 아이돌이자
타라의 경쟁 상대. 체리버니 멤버인 미미, 제나,
핑키, 유니는 모두 귀엽고 깜찍한 토끼다.

차례

타라로 말할 것 같으면

드르륵, 쾅!

사자 라온이 문을 거칠게 열고 헐레벌떡 교실로 들어왔어요. 깜짝 놀란 친구들이 모두 라온을 쳐다보았지요. 흥분한 목소리로 라온이 소리쳤어요.

"얘들아, 체리버니 새 앨범 나왔어! 안에 포토 카드도 들어 있는데 완전 귀여운 거 있지!"

라온은 걸그룹 체리버니의 팬이에요. 체리버니의 멤버는 모두 토끼로 미미, 제나, 핑키, 유니가 있어요. 체

리버니는 육지 동물의 세상인 '엘리시움'에서 최고로 인기 있는 아이돌이죠. 라온은 모든 포토 카드를 모으려고 앨범 4장을 사 왔어요. 앨범마다 다른 포토 카드가 들어 있거든요.

"누구 포토 카드인데?"

"나도 좀 보여 줘!"

1교시 수업을 앞두고 조용하던 교실이 순식간에 소란스러워졌어요. 라온이 가자미눈을 하고서 거들먹거렸어요.

"책상 위에 올려놓을 테니까 눈으로만 봐야 해. 절대 손대면 안 된다!"

라온은 포토 카드 묶음을 조심스럽게 자기 책상 위에 올려놓았어요. 포토 카드는 앨범마다 6장씩 들어 있어요. 그 모습을 지켜보던 타라는 조용히 안경을 벗었어요.

'휴. 너무 시끄러워서 오늘은 수학 공부 못 하겠네.'

타라는 작게 한숨을 쉬었어요. 타라는 아침마다 수학 문제 푸는 것을 좋아해요. 어려운 수학 문제를 풀어냈을 때 느껴지는 뿌듯함이 너무 좋았거든요. 문제를 낸 출제자가 '내가 졌소.' 하며 무릎을 꿇는 모습이 눈앞에 보이는 듯했지요.

다른 친구들은 타라를 이상하게 여겼어요. 모두들

수학은 재미없는 과목이라고 생각했으니까요.

'미래의 라이벌이 될 체리버니니까 용서해 주자.'

사실 타라가 문제에 집중하지 못한 이유가 또 있었어요. 내일은 타라가 오랫동안 준비해 온 오디션이 있는 날이에요. 타라의 취미는 수학 문제 풀기였지만, 진정한 꿈은 아이돌이 되는 거였어요. 타라는 책상 서랍에서 오디션 안내문을 살짝 꺼내 보았어요. 아이돌 멤버가 될 연습생을 뽑는다는 내용이었지요.

안내문을 보자, 타라는 태어나서 처음 무대에 올랐던 장기 자랑 시간이 떠올랐어요. 터질 듯 쿵쾅거렸던 심장 소리와 귀가 아플 정도로 커다랬던 환호성. 그날 타라는 직감했지요. 무대가 곧 자신의 운명이 될 거라고 말이에요.

타라가 추억에 잠겨 있던 그 순간, 갑자기 손에 들려 있던 안내문이 위로 쑥 솟아올랐어요.

"어? 이게 뭐야? 오디션?"

아이돌 오디션 안내

블랙홀 엔터테인먼트에서
아이돌 지망생을 모집합니다.

모집 분야: 신인 아이돌
오디션 날짜: 20XX년 5월 3일
장소: 블랙홀 빌딩

어느새 타라 등 뒤로 다가온 원숭이 피오가 안내문을 낚아챘어요. 피오는 늘 친구들을 귀찮게 하는 말썽꾸러기였지요.

"이리 내놔!"

"설마 타라 너, 여기 지원하려는 건 아니지?"

"상관하지 말고 좋은 말로 할 때 돌려줘!"

"뭐야, 진짜야? 푸하하하."

피오가 낄낄거리더니 갑자기 큰 소리로 외쳤어요.

"얘들아! 타라가 아이돌 오디션에 나간대."

영문을 알 수 없었던 타라는 당황했어요.

"왜 갑자기 웃는데? 뭐가 웃겨?"

"그럼 웃기지, 안 웃기냐? 무슨 흑표범이 아이돌을 하냐? 아이돌은 귀엽거나 예뻐야 하는데 넌 둘 다 아니잖아."

"자기 생각을 춤과 노래로 멋지게 표현하는 가수가 아이돌이야."

타라는 숨을 고른 후 침착하게 대답했어요.

"그리고 피오, 다른 동물을 깎아내린다고 네가 더 우월해지는 건 아냐. 안내문 줘."

타라의 차분하고 당당한 태도에 오히려 피오가 우물쭈물하기 시작했어요.

"싫, 싫은데!"

"돌려줘."

타라는 싱긋 웃으며 피오에게 손을 내밀었어요. 비아냥에도 기죽지 않고 또박또박 말하자, 피오는 자기도 모르게 뒷걸음치기 시작했어요.

"으악!"

갑자기 피오가 비명을 질렀어요. 아침부터 엎드려 졸고 있던 고슴도치 포리 위로 넘어져 버린 거예요.

"앗, 따가워!"

아이들 사이로 팔짝팔짝 뛰어다니는 피오 때문에 교실은 순식간에 아수라장이 되었어요. 그 바람에 라온이 애지중지 모아 둔 체리버니의 포토 카드가 바닥으로 와르르 떨어지고 말았어요.

"피오! 뭐 하는 거야!"

라온은 황급히 포토 카드를 주웠어요. 그리고 얼른 책상 위에 8장씩 정리하기 시작했지요.

"어라? 왜 3묶음이지? 앨범을 4장 샀으니 4묶음이

돼야 하는데…….”

라온이 으르렁거리며 피오에게 다가

왔어요.

“야, 피오. 너 때문에 잃어버린 포토 카드 한 묶음 어

떻게 할 거야!”

가시에 찔린 곳을 후후 불던 피오가 기어들어 가는

목소리로 사과했어요.

“일부러 그런 게 아니야. 미안해.”

하지만 잔뜩 화가 난 라온의 얼굴은 여전히 붉으락 푸르락했지요. 이 모습을 지켜보던 타라는 침착하게 생각했어요.

‘에휴, 어려움에 처한 동물을 보고도 못 본 척하는 건 위대한 흑표범 타라님의 자존심이 허락하지 않지.’

타라는 라온과 피오에게 다가갔어요.

“포토 카드 없어진 거 아니야.”

“뭐? 네가 그걸 어떻게 알아?”

포토 카드는 앨범마다 6장씩이야.

앨범이 4장이니까 모두 24장이겠지.
6+6+6+6=6×4
6×4=24

책상 위 카드는 8장씩 3묶음, 즉 24장이야.
8+8+8=8×3
8×3=24
카드의 수는 그대로야.
크음….

피오, 너 오늘 운 좋은 줄 알아!
으르렁
흡!

라온이 무섭게 인상을 찡그리며 소리쳤어요. 하얗게 질린 피오는 눈치를 보다 살짝 발걸음을 떼었죠. 타라가 낮은 목소리로 피오를 불렀어요.

"피오, 잊은 건 없어?"

"뭐? 없, 없는데?"

피오는 괜스레 큰 목소리로 대꾸했어요. 타라가 바닥에 떨어져 있는 오디션 안내문을 가리켰어요.

"안내문, 주워 줘야지?"

"내가 왜?"

"그래? 라온을 다시 불러 볼까?"

타라가 살짝 미소를 띤 얼굴로 대답했어요.

"아, 아냐! 여기! 여기 있어."

피오는 후다닥 오디션 안내문을 집어, 후후 먼지도 불고 손바닥으로 잘 편 다음 공손하게 타라에게 건네주었어요. 그리고 두 주먹을 불끈 쥐고 외쳤어요.

"자체 발광, 아니지. 발광 여신 타-아-라! 영원토록 함께해!"

"발……광? 뭐라는 거야?"

뜬금없는 피오의 응원에 타라가 황당해하며 물었어요. 피오가 능청스럽게 윙크했어요.

"내일 오디션 잘하라고. 어때? 내가 가서 이렇게 응원해 줄까?"

"어휴, 내가 알아서 할 테니 창피하게 굴지 마. 제발 눈앞에서 당장 사라져!"

덧셈이 귀찮을 때, 곱셈 어때?

오늘 피오가 이 세상과 작별할 뻔했다. 아이돌 팬에게 생명과 같은 포토 카드를 건드리다니. 그것도 라온의 체리버니 포토 카드를!

사실 수학자들은 귀찮은 걸 싫어한다. 같은 수를 여러 번 더하는 덧셈을 하기 귀찮아서 곱셈 기호를 만들었을 정도니까.

$$8+8+8=8\times3$$

또 곱셈조차 빠르게 계산하려고 만든 곱셈 구구표도 있다. 곱셈 구구법만 알고 있어도 라온이 오늘처럼 화가 날 일은 없었을 거다.

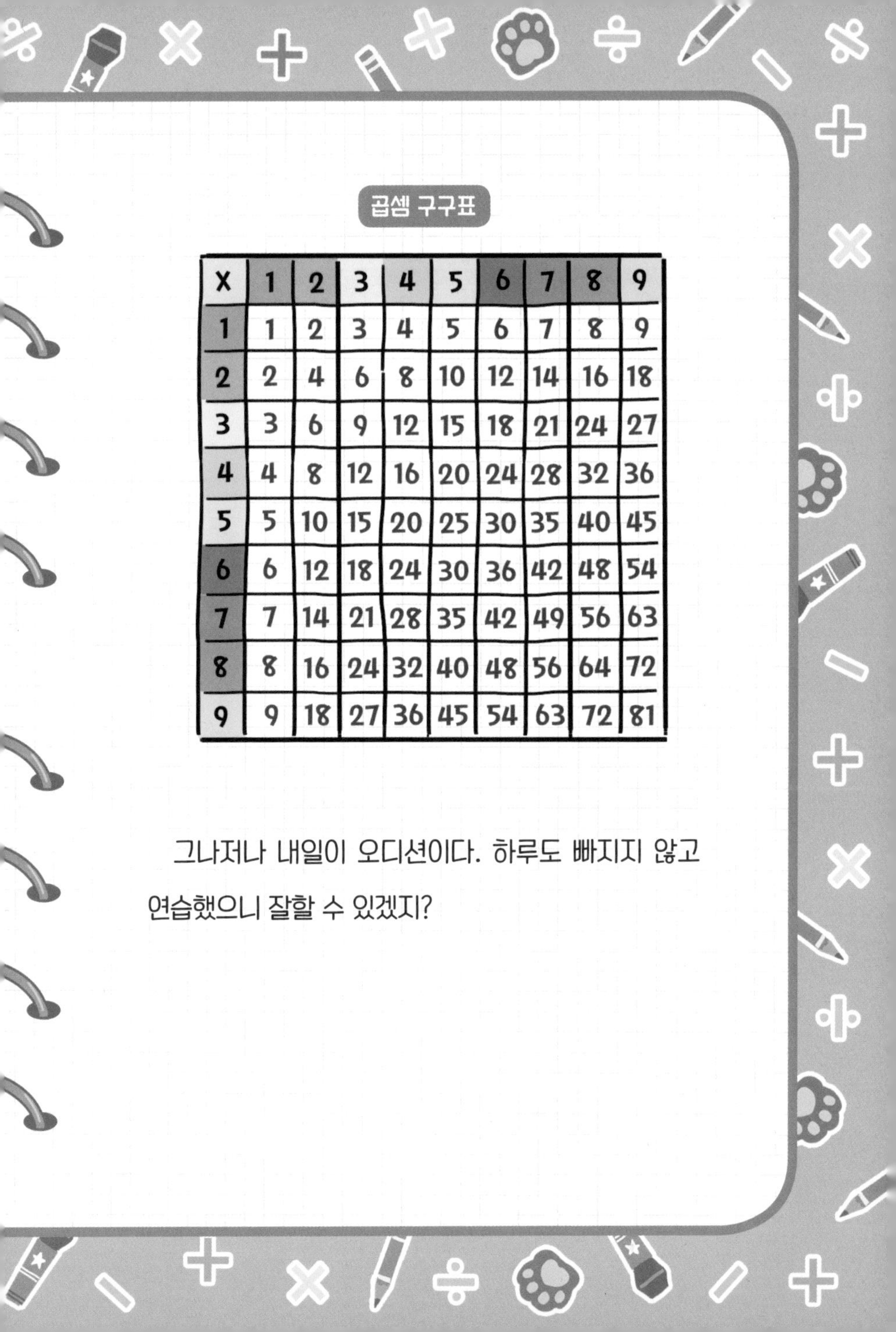

곱셈 구구표

X	1	2	3	4	5	6	7	8	9
1	1	2	3	4	5	6	7	8	9
2	2	4	6	8	10	12	14	16	18
3	3	6	9	12	15	18	21	24	27
4	4	8	12	16	20	24	28	32	36
5	5	10	15	20	25	30	35	40	45
6	6	12	18	24	30	36	42	48	54
7	7	14	21	28	35	42	49	56	63
8	8	16	24	32	40	48	56	64	72
9	9	18	27	36	45	54	63	72	81

그나저나 내일이 오디션이다. 하루도 빠지지 않고 연습했으니 잘할 수 있겠지?

당겨, 당겨! 팬들의 사랑!

"그만……. 탈락입니다. 나가 보세요."

"네? 아직 준비한 게 남았는데요?"

"탈락입니다."

타라는 순간 멍했어요. 왜 탈락했는지 이해할 수가 없었으니까요. 타라는 심사 위원에게 정중하게 물었어요.

"제가 왜 떨어졌는지 여쭈어보고 싶은데요. 부족한 것이 있었다면 고치고 싶으니까요."

"부족한 거 없어요."

심사 위원은 귀찮다는 듯 얼굴을 찡그렸어요.

"네?"

"하……. 요즘은 토끼, 다람쥐처럼 조그맣고 앙증맞은 동물이 인기잖아요. 어떤 기획사도 흑표범을 아이돌 가수로 뽑지 않을 거예요."

"그러니까 실력이 문제가 아니라, 제가 흑표범이기 때문에 떨어졌다는 말씀인가요?"

"맞아요."

타라는 깊게 심호흡을 하며 마음을 다잡았어요. 그리고 가슴을 쫙 펴고 큰 소리로 대답했지요.

"제 실력이 나쁘지 않았다면 그걸로 충분합니다. 나중에 꼭 유명한 아이돌이 돼서 다시 인사드리겠습니다. 제 이름 타라, 기억해 주세요!"

타라는 고개를 꼿꼿이 들고 오디션장 밖으로 씩씩하게 걸어 나왔어요.

'내가 흑표범인 게 뭐 어때서. 날 놓친 걸 아주 많이 후회하게 해 주겠어.'

그때였어요. 누군가가 타라를 따라 후다닥 쫓아온 거예요.

"타라 양?"

타라가 뒤를 돌아보았어요. 그곳에는 심사 위원 자리 쪽에서 언뜻 본 듯한 카피바라 아저씨가 서 있었어요. 구김 하나 없이 깔끔하게 다린 옷을 단정하게 입은 모습이었어요.

'뭐지? 이 빳빳한 바지 주름은? 파리가 날아가다 베이는 거 아냐?'

타라는 정갈한 옷차림에 감탄하느라 자신을 부르는 말에 미처 대답도 못 했어요. 카피바라 아저씨는 아랑곳하지 않았어요. 오히려 타라에게 반갑게 인사했지요.

"오늘 정말 멋졌어요. 타라 양은 스타의 자질을 가지고 있더군요. 허허허."

두-둥!
왕대박 기획사
Entertainment

“스타의 자질요?”

타라는 자기도 모르게 되물었어요. 방금 흑표범은 인기 아이돌이 될 수 없다고 들었으니까요. 그런 타라가 스타라니, 기쁘면서도 궁금하기 짝이 없었지요.

카피바라 아저씨가 인자한 미소를 지었어요.

“타라 양은 왜 인기 아이돌을 스타라고 부르는지 아나요?”

“밤하늘의 별처럼 반짝반짝 빛나니까요?”

“하하. 그것도 맞아요. 그런데 태양처럼 큰 별은 지구같이 자기보다 작은 물체를 끌어당기는 힘이 있답니다.”

“아, 알아요. 만유인력의 법칙, 맞지요?”

“타라 양도 알고 있군요. 진정한 스타는 마치 태양처럼 대중의 관심을 자연스럽게 끌어모으지요.”

“하긴 다 귀여운 동물인데 저 혼자 흑표범이니, 눈에 띄기는 하겠네요.”

타라가 작게 중얼거렸어요. 스스로 괜찮다고 다독이

기는 했지만, 방금 오디션에서 떨어진 것이 못내 속상했어요.

카피바라 아저씨가 차분하게 설명했어요.

"외모의 문제가 아니에요. 예쁘게 보이려고 눈치만 보는 아이돌을 누가 멋지다고 생각하겠어요. 스타의 자질은 뛰어난 실력, 당당함, 그리고 자신을 사랑하는 마음을 말하는 거예요."

예상하지 못한 말에 타라는 눈만 껌벅였어요. 카피바라 아저씨가 주머니에서 뭔가를 꺼내 건넸어요.

"제 명함이에요. 사실 전 다른 기획사 대표인데, 오늘 객원 심사위원으로 참석한 거랍니다."

어… 어!
이 기획사는?
훗
네, 바로 제가
왕대박 기획사 대표
또바입니다.

처음 들어 보는
회사인데요.
진짜 기획사
맞아요?
으잉?

타라의 반응에 또바 대표님의 얼굴이 새빨개졌어요.

"큼큼. 우리 기획사가 최근에 만들어져서 잘 모르나 본데, 이상한 회사는 아니에요."

"음……. 일단 알았어요."

타라의 떨떠름한 대답에도 굴하지 않고 또바 대표님은 말을 이어 갔어요.

"진정한 아이돌은 유행을 좇는 것만으로는 부족해요. 새로운 취향을 만들어 내야 해요. 우리 회사에서 그런 아이돌 그룹을 기획 중인데, 마지막 멤버 한 자리가 비었거든요. 제 생각에는 타라 양이 딱이에요."

새로운 취향의 아이돌 그룹이라니, 타라의 귀가 쫑긋했어요.

"그럼 다른 멤버들은 이미 다 정해졌나요?"

"그럼요. 메인 보컬은 곰, 메인 래퍼는 라쿤, 메인 댄서는 하이에나예요. 그리고……."

또바 대표님은 잠시 목을 가다듬었어요.

"음색이 아름다운 타라 양이 리드 보컬을 하면 완벽한 그룹이 될 것 같아요. 그룹 이름은 이데아입니다. 멤버 모두 뛰어난…… 커헉!"

대표님이 말을 마치기도 전에 타라가 또바 대표님을 꽉 안았어요. 얼마나 세게 안았는지 또바 대표님은 숨을 쉴 수도 없었지요. 캑캑대는 대표님을 얼른 풀어 준 타라가 팔짝팔짝 뛰며 소리쳤어요.

"그룹명도 마음에 쏙 들어요! 이데아라니, 완벽한 수학의 세계라는 뜻 맞지요?"

"맞아요. 모두가 꿈꾸던 완벽한 그룹이라는 의미에서 이데아라고 지었……."

"이건 운명이에요. 저 할래요!"

타라의 격한 반응에 오히려 또바 대표님이 당황했어요.

"아, 아니. 잠깐만요. 일단 보호자하고 상의도 해야 하고, 멤버들도 만나야 하고요."

와락!

타라는 여전히 흥분한 목소리로 말했어요.

"곰, 라쿤, 하이에나라니! 멤버 모두 멋져요. 대표님 뭘 좀 아시는군요! 내일 기획사로 갈게요. 계약서 당장 준비해 주세요!"

당겨라, 만유인력의 법칙!

역시 난 위대한 흑표범 타라 님이시다!

오늘은 무려 아이돌 연습생으로 캐스팅된 날이라는 말씀! 흐흐흐. 날 떨어뜨린 심사 위원들아, 기다려라! 나 같은 스타를 놓친 걸 평생 후회하게 될 테니까.

또바 대표님이 만유인력의 법칙을 말씀하시는 순간, 난 깨달았다. 이데아는 내가 꿈꾸어 왔던 바로 그 그룹이라는 것을!

만유인력의 법칙에 따르면 태양과 지구처럼 아주 큰 물체들은 서로를 끌어당기는 힘이 있다. 더 무거울수록 당기는 힘도 세지는 거다.

그나저나 아이돌에게 적용된다는 만유인력의 법칙, 너의 정체는 도대체 뭐냐! 또바 대표님은 실력, 당당함,

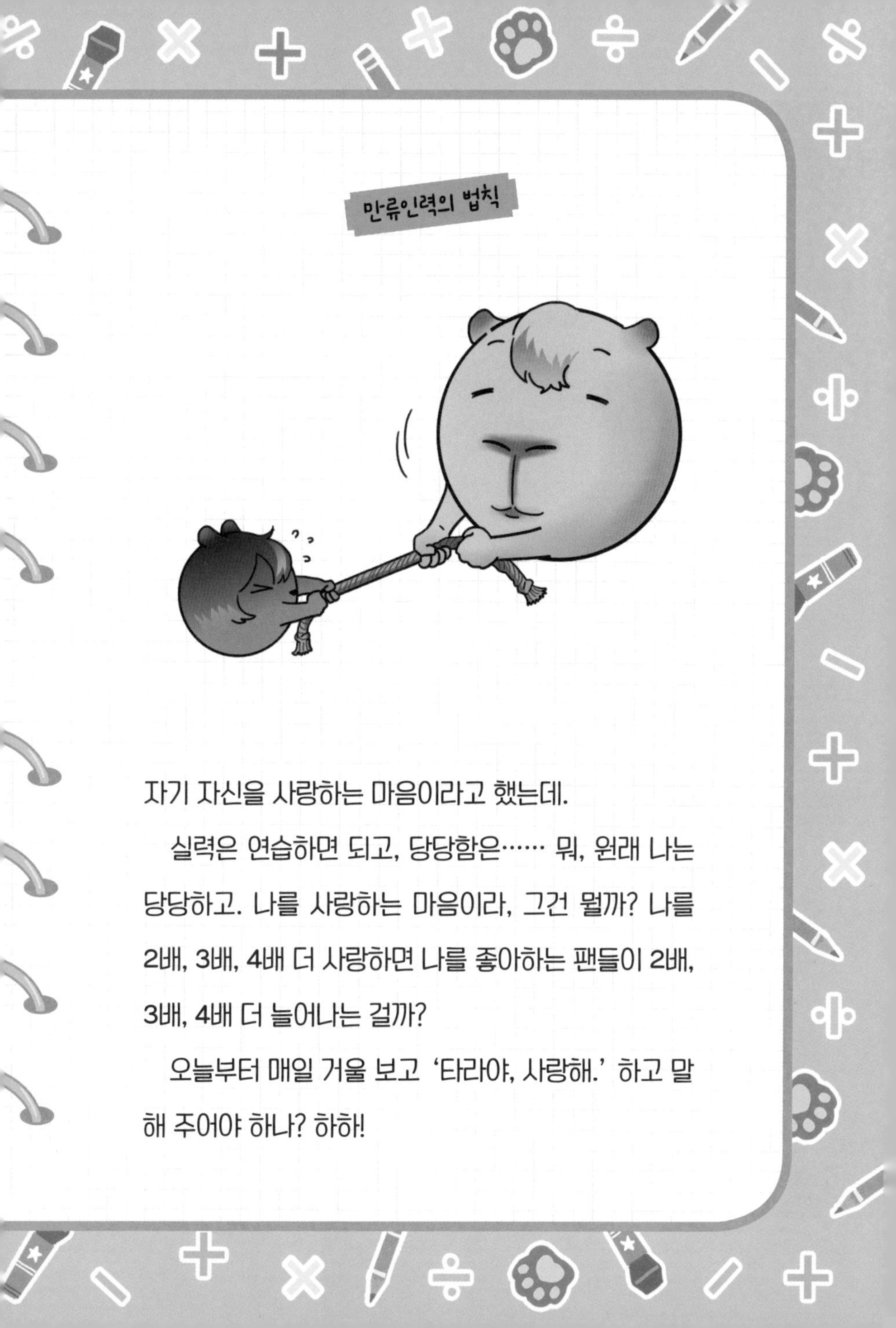

자기 자신을 사랑하는 마음이라고 했는데.

실력은 연습하면 되고, 당당함은…… 뭐, 원래 나는 당당하고. 나를 사랑하는 마음이라, 그건 뭘까? 나를 2배, 3배, 4배 더 사랑하면 나를 좋아하는 팬들이 2배, 3배, 4배 더 늘어나는 걸까?

오늘부터 매일 거울 보고 '타라야, 사랑해.' 하고 말해 주어야 하나? 하하!

너는 나의 행운

커다란 문 나 홀로 서 있어 ♩♪

나에게도 이 문이 열릴까

저 문 너머 세상 아름다운 그곳에 ♪

나의 자리도 있을까 ♬

타라는 혼자 공원 벤치에 앉았어요. 이번에 촬영한 이데아의 뮤직비디오를 핸드폰으로 보고 있었어요. 하지만 왜인지 타라의 표정이 어두웠어요. 타라는 머리를 부여잡았어요.

"도대체 언제 방송에 출연할 수 있는 거야!"

며칠 전, 이데아의 데뷔곡 「빛 속으로」의 뮤직비디오가 공개되었거든요. 하지만 아직까지 어떤 음악 방송에서도 출연 요청이 없었어요.

타라는 공원 벤치에 아예 벌러덩 누워 버렸어요. 하늘 위로 둥둥 떠가는 구름을 보고 있으니 같은 멤버인 비키, 페르, 메이나를 처음 만났을 때가 떠올랐어요. 모두 실력만큼이나 개성 넘치고 매력적인 친구들이었지요.

"안녕, 난 비키야. 내가 리더이긴 해도 내 말을 무조건 따를 필요는 없어. 난 모두의 의견을 존중하니까."

비키는 부드러우면서도 야무진 인상의 곰이었어요. 라쿤 페르가 능글맞게 웃으며 비키의 말에 끼어들었어요.

"일단 친해져야 연습도 더 잘되고 그런 거 아니겠

어? 그러니까 오늘은 다 같이 놀이공원에 갈까?"

비키는 이런 페르가 새삼스럽지 않다는 듯 페르를 지긋이 바라보았어요.

"이런, 비키 눈에서 레이저가 나오는 것 같은데? 메이나, 이리 와서 나 좀 봐 봐. 내 몸에 구멍 안 났어?"

"큭큭, 안 났어. 괜찮아."

한쪽에 조용히 서 있던 하이에나 메이나가 작게 웃으며 대답했어요. 그리고 타라에게 차분히 인사를 건넸어요.

"반가워. 우리 꼭 같이 데뷔하면 좋겠다."

"응, 그러게. 아니 그럴 거야! 잘 부탁해!"

타라가 큰 목소리로 대답했어요.

그 후 타라는 이데아 멤버들과 함께 열심히 데뷔를 준비했어요. 지칠 때마다 서로 격려해 가며 춤과 노래 연습을 하루도 빠트리지 않았어요.

이데아의 데뷔 프로젝트는 금세 진행되었어요. 몇 달밖에 되지 않았지만, 모두가 최선을 다했죠. 타라는 이데아가 성공할 거라 굳게 믿었어요.

하지만 뮤직비디오까지 공개되었는데 가족을 제외하고는 아무도 이데아라는 그룹을 모르다니. 타라는 조금 분하기도 했어요.

멍하니 하늘을 바라본 지 얼마나 지났을까, 타라가 벌떡 일어나 앉았어요.

"나 정말 한심하네. 방송 스케줄이 안 잡혔다고 연습을 빠지다니!"

타라는 가볍게 두 뺨을 두드렸어요.

"타라, 정신을 차리자!"

연습실로 돌아가려고 일어선 그때, 타라는 누군가

6
5
넷이 한 몸처럼
움직여야 해요!
공기 반, 소리 반!
어떻게 목에서 공기와
소리가 동시에 나가?
7
8
숨을 고르고
집중하세요.
조금 더 자연스럽게
웃어 주세요!

흐느끼는 소리를 들었어요.

"난 왜 잘하는 게 없는 거야……. 흑흑."

타라는 조심스럽게 소리가 나는 쪽으로 다가갔어요. 그곳에는 웬 판다 아저씨가 쪼그리고 앉아 있었지요.

타라가 물었어요.

"저기…… 괜찮으세요?"

"아이고, 깜짝이야!"

판다 아저씨는 얼마나 놀랐는지 뒤로 털썩 주저앉았어요. 당황한 타라가 판다 아저씨에게 사과했어요.

"아! 죄송해요. 놀라게 할 생각은 아니었어요. 무슨 일인지 모르겠지만 잘 해결될 거예요."

"아냐, 그럴 리 없어. 난 이제 회사에서 잘릴 거야. 그럼 돈도 못 벌겠지? 당연히 집세도 못 낼 테니 집에서 쫓겨날 거고. 밥 사 먹을 돈도 없어서 굶어 쓰러질지도 몰라. 나 홀로 외롭게 거리를 헤매는 슬픈 판다가 되고 말 거야!"

"저기…… 아저씨? 망상이 심하신 거 같은데……."

"추운 겨울이 되면 난 꽁꽁 얼어 길바닥에 쓰러질지도 몰라. 냉동 판다라니! 상상만 해도 끔찍해!"

판다 아저씨의 푸념에 타라는 정신이 아득해졌어요. 숨을 한 번 크게 쉬고는 타라가 소리쳤어요.

"아저씨! 그만!"

"딸꾹!"

휘이잉

타라의 목소리가 어찌나 컸던지 깜짝 놀란 판다 아저씨가 딸꾹질을 했어요.

"아저씨, 제가 수학을 좀 해서 아는데요."

타라가 판다 아저씨의 어깨에 가볍게 손을 올렸어요. 그리고 또박또박하면서도 든든하게 말했죠.

"세상에 해결 못 할 문제는 없어요. 아직 해결 방법을 찾지 못한 문제만 있을 뿐이죠. 그러니까 진정하세요. 같이 해결 방법을 찾아봐요."

"같이?"

판다 아저씨가 타라를 잠시 훑어보다 고개를 절레절레 저었어요.

"아냐, 너 같이 어린아이가 해결할 수 있는 문제가 아냐."

"그래도 이야기라도 해 보세요. 말하다 보면 뭔가 실마리를 찾을 수도 있잖아요."

"그런가……? 사실 오늘 오후에 공연 무대와 관객석

을 저쪽 잔디밭에 설치해야 하거든."

판다 아저씨는 한숨을 푹 내쉬었어요.

"문제는 의자를 어떻게 놓아야 하는지 모르겠다는 거야. 방법이 적힌 종이를 잃어버렸단 말이야."

판다 아저씨는 땅바닥에 나뭇가지로 써 놓은 것들을 가리키며 말했어요.

"지금 기억나는 건 이거밖에 없어. 이 그림처럼 무대 앞으로 가, 나, 다 구역이 있지."

"그리고 의자 110개를 각 구역에 이렇게 놓아야 해."

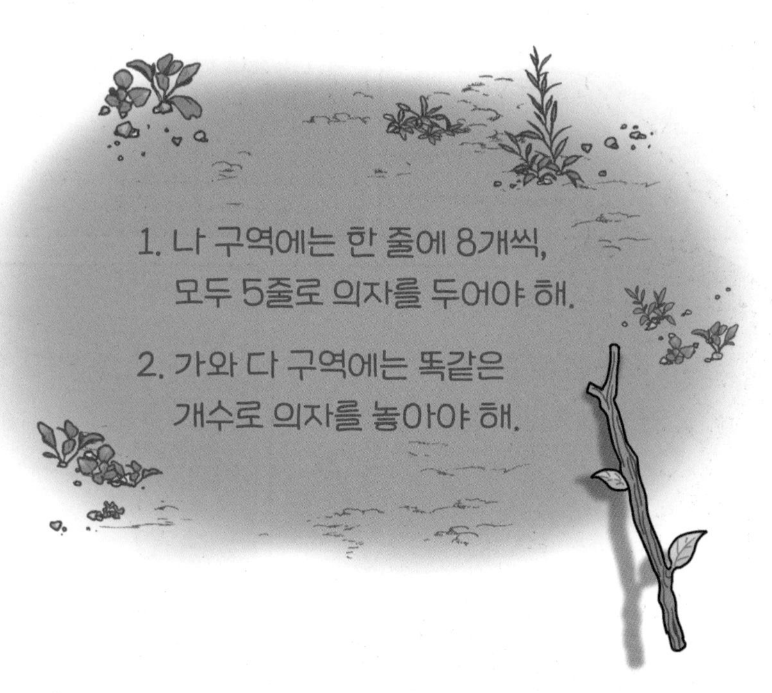

"너무 어렵지? 이걸 무슨 수로 해결해!"

타라는 침착하게 바닥에 적힌 내용을 살펴보았어요.

"아저씨, 해결할 수 있는 것부터 차근차근 해 봐요."

타라는 판다 아저씨에게서 나뭇가지를 건네받았어요.

그리고 슥슥 바닥에 그림을 그려 넣었어요.

일단
나 구역의 의자는
8개씩 5줄이에요.
스스슥
8×5…?
40개야!
의자는 모두
110개잖아요?
110개에서
나 구역의 의자
40개를 빼면
70개가
남아요.
110-40=70
이제 의자 70개를
가, 다 구역에
똑같이 나누어
놓으면 돼요.

판다 아저씨의 눈이 휘둥그레졌어요.

"의자 70개를 똑같이 둘로 나누면 35개예요. 제 생각에는 가, 다 구역에 한 줄에 5개씩 7줄로 의자를 놓으면 좋을 것 같아요! 35는 5×7이니까요."

타라는 땅바닥에 의자 놓는 방법을 그렸어요.

"우아! 이렇게 쉽게 해결되다니. 마음씨도 착한데 수학도 잘하는구나! 넌 멋진 수학자가 될 거야!"

판다 아저씨가 활짝 웃으며 타라의 양손을 잡고 붕붕 흔들었어요.

타라가 씨익 웃으며 대답했지요.

"아니에요. 사실 전 아이돌이에요."

"아이돌이라고?"

판다 아저씨의 얼굴에 의아함이 가득 찼어요.

"아, 며칠 전에 뮤직비디오가 나왔어요. 이데아라는 그룹이에요. 노래, 들어 보실래요?"

타라는 핸드폰으로 「빛 속으로」 뮤직비디오를 틀었어요. 판다 아저씨는 조용히 듣기만 했어요.

"저…… 아저씨, 혹시 별로인가요?"

타라가 걱정스레 물었어요. 판다 아저씨가 펄쩍 뛰며 말했어요.

"별로라고? 내가 지금까지 들어 본 노래 중 최고였

어! 정말 신선하고 훌륭해!"

"감사해요. 다른 분들도 그렇게 생각해 주면 좋겠네요. 아직 방송 스케줄이 하나도 없거든요."

타라는 쑥스러워 코 밑을 검지로 슥 문질렀어요. 타라의 말에 판다 아저씨가 깜짝 놀란 표정을 지었어요.

"스케줄이 없다고? 말도 안 돼!"

판다 아저씨는 잠시 생각하더니 곧 결심한 듯 말했어요.

"당장 우리 방송부터 나가자."

"방송? 무슨 방송요?"

"무슨 방송이긴! '생방송 뮤직 필즈'지."

인기 음악 프로그램 '생방송 뮤직 필즈'라고? 타라는 무슨 말인지 모르겠다는 얼굴로 판다 아저씨를 쳐다보았어요.

판다 아저씨가 빙긋 웃어 보였어요.

"아, 내 소개를 안 했구나. 나는 '생방송 뮤직 필즈'

의 연출을 맡고 있는 아르라고 해."

판다 아저씨는 얼떨떨해하는 타라를 보며 의기양양하게 덧붙였어요.

"넌 지금 공연 무대 배치를 도와준 거고! 이데아라고 했지? 다음 주 우리 방송에 출연하자!"

MUSIC FIELDS
?!

예상하지 못한 문제를 만났다면?

오늘 어마어마한 일이 일어났다! 공원에서 우연히 만나 도와드린 아르 아저씨가 '생방송 뮤직 필즈'를 연출하는 분이셨다니! 아저씨는 우리 그룹 이데아도 방송에 출연할 수 있다고 했다.

사실 내가 큰일을 한 것도 아니다. 수학만 있다면 쉽게 해결할 수 있는 문제였다. 당황하지 않고 허둥거리지 않으면 누구든, 어떤 문제든 풀 수 있다!

문제를 푸는 나만의 비법! 예상하지 못한 문제를 만났다면 우선 요리조리 꼼꼼히 살펴보아야 한다. 정확히 무엇을 해결해야 하는지, 내가 알고 있는 것들을 어떻게 활용할 수 있는지 생각하면서! 그리고 문제를 정복할 계획을 세우는 거다.

혹시 계획대로 되지 않는다면? 실수한 부분은 없는지 살펴보고 다른 계획을 세워 보는 것도 좋다.

드디어 첫 방송이다! 그것도 '생방송 뮤직 필즈'에서 데뷔 무대라니. 두근두근, 설레는 밤이다.

편견은 편견일 뿐

벌컥!

긴장감이 가득한 대기실의 문이 갑자기 열렸어요. 또바 대표님과 아르 아저씨가 들어왔어요. 아르 아저씨가 먼저 반갑게 인사를 건넸어요.

"얘들아, 어제 잘 잤니? 드디어 데뷔 무대구나. 오늘 함께 최고의 무대를 만들어 보자!"

"대표님, 아르 아저씨! 안녕하세요."

타라가 반갑게 인사했어요. 다른 멤버들도 아르 아

저씨를 친근하게 맞아 주었어요. 최근에 아르 아저씨는 이데아의 공연 연습을 도와주고 있었거든요. '생방송 뮤직 필즈'에 섭외해 준 것도 모자라 연습까지 도와줬으니, 이데아에겐 1호 팬인 셈이에요.

또바 대표님이 작게 헛기침을 하며 말했어요.

"험험. 이제 아르 매니저님이라고 부르도록 하세요."

"네?"

타라는 물론 비키, 페르, 메이나까지 깜짝 놀라 모두 얼음이 되었어요. 아르 아저씨가 매니저라니?

"내 꿈은 최고의 아이돌을 세상에 소개하는 거였어."

아르 아저씨가 얼굴을 붉히며 말했어요.

"그리고 이제 최고의 아이돌을 찾았으니 더는 방송일에는 미련이 없어."

"저희와 함께해 주신다니 너무 감사해요! 이보다 멋진 선물이 있을까요?"

비키가 감격스러운 목소리로 말했어요.

매니저님?

"또바 대표님과 함께 난 최고의 매니저가 될 거야! 사실 또바 대표님은 몇 년 전까지 최고의 프로듀서로 유명했잖아. 한 번도 실패한 적 없는 미다스의 손! 내가 얼마나 존경……."

"험험, 매니저님. 쓸데없는 이야기는 하지 마시고요."

또바 대표님이 얼른 아르 아저씨의 말을 끊었어요. 아르 아저씨도 또바 대표님의 눈치를 한번 슥 보더니 다시 이야기를 이어 나갔어요.

"음, 어쨌든! 조금 전 방송국 일 정리하고 오는 길이야. 잘 부탁해."

"우아, 저희야말로 잘 부탁드려요! 매니저님!"

아르 매니저의 인사에 이데아 멤버들도 웃으며 고개를 숙였어요.

"아, 그리고 잠시 후에는 새로운 스타일리스트가 무대 의상을 가지고 올 거예요."

"스타일리스트요?"

"네. 너무 바쁜 분이라 오늘에야 여러분하고 인사하게 되었네요."

"매니저에, 스타일리스트까지! 우리 아이돌 된 거 실감 난다! 대표님, 우리가 사랑하는 거 알죠?"

페르가 양손으로 하트를 만들어 보였어요. 괜스레 헛기침을 하는 대표님의 모습에 모두들 웃음이 터졌지요.

그때, 비키가 무언가 떠오른 듯 손바닥을 탁 쳤어요.

"아, 맞다. 메이나가 방송국 스태프분들께 드린다고 쿠키를 구워 왔어요. 지금 나눠드려도 될까요?"

메이나의 얼굴이 금세 빨개졌어요.

"별거 아니에요."

"별거 아니긴. 일일이 다 포장까지 했으면서."

타라가 쿠키를 들어 보이며 덧붙였어요. 아르 매니저가 말했어요.

"좋아. 너희 소개도 할 겸 같이 가자."

"네!"

이데아 멤버들이 대기실 문을 열고 나갔어요. 그런데 복도가 무척 소란스러웠어요. 체리버니가 지나가고 있었거든요. 며칠 전 새로운 앨범을 낸 체리버니는 최고 인기 아이돌답게 일주일 내내 방송국마다 컴백 스페셜 공연을 하고 있었지요. 체리버니의 팬뿐만 아니라 방송국 관계자들의 관심도 엄청났어요.

비키가 서둘러 다른 멤버들을 불러 세웠어요.

"얘들아, 준비해."

체리버니가 가까이 다가오자 이데아 멤버들이 고개 숙여 인사했어요.

"안녕하세요. 체리버니 선배님! 이데아입니다."

"네. 반가워요. 열심히 하세요."

체리버니의 리더 미미가 살짝 웃으며 인사를 받아 주었어요. 페르가 얼른 들고 있던 종이 가방에서 쿠키 몇 개를 꺼내 미미에게 건넸어요.

"저, 선배님. 이거 드시고 오늘 공연 잘하세요. 팬이에요."

"아…… 네. 고마워요."

미미는 왠지 떨떠름한 얼굴이었어요. 페르가 뭐라고 할 새도 없이, 미미는 페르의 손에 있던 쿠키와 종이 가방을 모두 받아들었어요.

"저희 리허설 순서라. 바빠서 이만."

체리버니 멤버들은 무대 준비를 위해 공연장으로 발걸음을 옮겼어요.

"야, 진짜 멋지다."

"정말. 빛이 나는 것 같아."

이데아 멤버들은 멀어지는 체리버니의 뒷모습을 멍하니 바라보며 서 있었지요. 메이나가 걱정스러운 목소리로 말했어요.

"그런데 어떡하지? 체리버니 선배님들이 가방째로 쿠기를 모두 가져가 버렸어. 스태프들께 나누어 드릴 게 부족할 것 같아."

"그래? 내가 얼른 가서 가방 받아 올게."

말릴 새도 없이 페르가 체리버니를 쫓아 달려갔어요. 당황한 아르 매니저가 남아 있는 멤버들에게 말했어요.

"아이고. 그렇다고 준 걸 냅다 달라고하면 안 되지. 내가 체리버니한테 잘 설명하고 페르도 데리고 올게. 너희들은 대기실로 들어가 있어."

체리버니는 공연장 뒤쪽에서 곧 무대에 오를 준비를 하고 있었어요.

"저…… 선배님……."

페르가 막 체리버니를 부르려는 순간이었어요. 아르 매니저가 페르의 어깨를 잡았어요.

"페르, 쉿!"

그때, 상상하지도 못한 일이 페르의 눈앞에 펼쳐졌어요. 미미가 쿠키와 종이 가방을 쓰레기통에 넣어 버린 거예요!

쉿!
휴지통
덜컹
휙
쿠
궁

이어 체리버니 멤버들의 목소리가 들렸어요.

“흑표범, 하이에나로 이루어진 아이돌 그룹이라니 말이 되니?”

“보나 마나 실력도 별로일 거야. 어떻게든 특이한 멤버들로 눈에 띄려는 거겠지.”

당혹한 눈빛으로 체리버니를 바라보던 페르를 아르 매니저가 조용히 대기실로 이끌었어요.

“왜 그래? 무슨 일 있었어?”

페르의 굳은 얼굴을 보고 비키가 물었어요. 아르 매니저가 조금 전 있었던 일을 짧게 설명해 주었어요.

눈이 휘둥그레진 타라는 테이블을 쾅! 내리치며 화를 냈어요.

“아니, 그걸 그냥 보고만 있었어? 내가 당장 가서 따지고 올게!”

타라는 곧장 체리버니의 무대로 뛰어 올라갈 기세였

어요. 아르 매니저가 타라를 말렸어요.

"원래 아이돌은 잘 모르는 동물들이 준 음식을 안 먹어. 알레르기를 일으키는 음식일 수도 있으니까."

"그럼 받지를 말았어야죠!"

"그러면 또 예의 없다고 흉볼 수도 있잖아. 인기 아이돌도 나름의 고충이 있는 거야."

타라는 여전히 씩씩거렸어요.

"그렇다고 음식을 버리다니. 그리고 내가 흑표범인 게 뭐? 보태 준 거라도 있나?"

고개를 푹 숙이고 있던 페르가 걱정스러운 목소리로 말을 보탰어요.

"우리 무대를 보지도 않고 실력이 없을 거라고 단정하는 말은 충격이네. 다른 동물들도 그렇게 생각하면 어떡하지? 관객들이 싫어하는 아이돌한테는 일부러 아무 호응도 안 한다던데."

비키가 차분한 목소리로 대답했어요.

쾅!!
MUSIC FIELDS
MUSIC FIELDS

"걱정부터 하지는 말자. 그리고 지금 제일 속상한 건 메이나일 거야. 일단 남은 쿠키부터 스태프분들에게 나누어 드리자. 매니저님, 스태프분들은 받으시겠지요?"

"응? 그럼, 물론이지. 당장 공연하는 게 아니니까 음식을 조심해야 할 필요는 없지."

비키의 말에 타라는 메이나를 살펴보았어요. 속상한 표정의 메이나는 금방이라도 울음을 터뜨릴 것 같았어요. 분위기를 바꿔야겠다고 생각한 타라는 얼른 비키의 말에 대꾸했어요.

"그래, 남은 쿠키 개수부터 확인해 보자."

쿠키 봉투는 모두 59개였어요.

"59개면 스태프분들 드리기에 너무 적지 않나? 대충 봐도 100마리쯤 되는 것 같던데."

페르가 걱정스러운 얼굴을 하자, 비키가 쿠키 봉투를 살펴보며 말했어요.

"다행히 한 봉투에 낱개 포장된 쿠키가 4개씩 있어.

일단 다 풀어서 몇 개인지 세어 보면 어떨까?"

타라가 얼른 비키를 말렸어요.

"셀 필요 없어."

"그……그래. 무대 준비하기에도 바쁘니까. 난 정말 괜찮아."

메이나가 고개를 떨구며 작게 중얼거렸어요.

"그게 아니라, 쿠키 개수는 236개니까!"

"타라, 벌써 계산한 거야?"

페르가 물었어요. 메이나도 고개를 번쩍 들었어요.

"그럼. 쿠키가 4개씩 들어있는 봉투가 59개 있잖아. 그러니까 4×59를 계산하면 되지."

"4×59? 이렇게 빨리 풀었다고?"

계속되는 질문에 타라는 고개를 으쓱하며 별것 아니라는 듯 대답했어요.

"240에서 4만 빼면 되는걸. 곱셈의 원리만 알면 간단한 문제야."

우선 4×60을
계산하면 돼.
4×6이 아니라?
으윽….
0만 하나 더
붙이면 간단해!
4 × 6 = 24
4 × 60 = 240

4×60은
4를 60번 더하란 뜻이야.
그렇다면 4×59는?

흠… 잠깐,
더한다고?
60번에서
한 번만 덜 더하면
되잖아!
4를 60번 더하면 240,
4를 59번 더하면?

"240에서 4만 빼면 되니까, 236이네!"

페르가 외쳤어요. 비키도 고개를 끄덕였어요.

"그럼 일하시는 분들이 100마리쯤이라면 2개씩 드려도 넉넉하겠다."

페르가 종이에 무언가를 적으며 말했어요.

"이렇게 하면 어때? 쿠키를 무대 근처 테이블에 올려놓는 거야. 바로 이 메모와 함께 말이지."

이데아가 사랑을 나눠 드려요.

오늘 저희 데뷔 무대에 함께해 주셔서 감사합니다!

사랑하는 짝꿍과 함께 나누어 드세요. ♥

- 이데아 드림

메이나가 활짝 웃으며 말했어요.

"멋져! 짝꿍과 함께 나누어 먹으라고 했으니 자연스럽게 2개씩 가져갈 것 같아. 고마워, 얘들아!"

(몇십)×(몇), 어렵지 않아

이제 곧 데뷔 무대다. 오늘은 대기실에서 일기를 쓰고 있다. 역사적인 날이니까! 콩닥콩닥 가슴이 뛴다.

오늘같이 완벽한 날, 딱 하나의 오점은 체리버니가 메이나의 쿠키를 버린 것이다. 메이나가 얼마나 열심히 준비했는데! 나는 팬들의 정성을 소중하게 생각하는 멋진 아이돌이 될 거다.

그래도 남은 쿠키의 개수를 계산해서 무사히 스태프분들에게 나누어 드릴 수 있어 다행이었다.

사실 (몇십)×(몇)의 곱셈은 간단하다. 10개짜리 묶음이 몇 개인지 계산하고 0만 붙이면 되니까! 40은 10개짜리 묶음이 4개이다. 그러니까 40×3은 10개짜리 묶음 4개×3이라고 생각할 수 있다.

40×3의 답을 구하는 법

4×3=12. 4개짜리 묶음이 3개라면 낱개는 모두 12개가 된다.

그래서 40×3의 답은 아주 쉽게 구할 수 있다. 4×3=12에서 12에 0을 하나만 붙이면 된다는 말씀!

$$4 \times 3 = 12 \qquad 4 \times 30 = 120$$

$$4 \times 3 = 12$$

무대도 수학처럼 생각한 대로 착착 풀리면 좋을 텐데. 으, 떨린다 떨려.

이데아, 날아오르다!

아르 매니저가 쿠키를 다 나누어 주고 돌아왔어요. 그때 화려하게 차려입은 공작새가 벌컥 대기실 문을 열었어요.

"여러분 안녕! 나는 샤인이에요. 제 의상 없이 무대에 설 수는 없지요. 제가 여러분을 멋지게 변신시켜 줄게요! 오호호호."

'샤인? 톱스타하고만 일한다는 그 스타일리스트?'

타라가 자신의 귀를 의심했어요. 샤인은 체리버니의

무대 의상을 모두 담당했던 유명 스타일리스트니까요.
아르 매니저가 말했어요.

"얘들아, 왜들 그렇게 서 있는 거니? 어서 인사해!"

아르의 말에 이데아 멤버들은 얼떨떨한 얼굴로 인사했어요.

"안녕하세요. 이데아입니다!"

"그래, 반가워! 노래 정말 잘하던걸. 춤도 멋지더라. 「빛 속으로」 맞지? 지금 의상은 솔직히 너무 평범해. 내가 이 세상 그 누구보다 반짝이게 해 줄게. 오호호호."

샤인의 말에 타라의 얼굴이 굳어졌어요. 사실 타라도 오디션 준비를 위해 이런저런 옷들을 사서 입어 보았거든요. 하지만 화려한 옷들은 왠지 자신에게 어울리지 않았어요. 옷을 잘 입는 방법에 관한 수학 공식이 있는 것도 아니고요. 타라는 늘 흰색이나 회색, 검은색 옷만 고르곤 했어요.

"저…… 스타일리스트님, 흑표범인 저한테 화려한

게 어울릴까요?"

왜인지 타라의 말에 샤인이 손뼉을 짝짝 치며 크게 웃었어요.

"오호호호! 이 샤인에게 불가능은 없지요."

그러더니 타라 곁으로 와 차분하고 다정한 목소리로 이렇게 말해 주었어요.

"세상에서 가장 멋진 색은 검정이에요. 그 어느 색하

고도 잘 어울리지요. 또 정말 멋쟁이들만 소화할 수 있는 색이고요."

샤인이 온화한 미소를 지으며 이어 말했어요.

"검은색 드레스가 아무한테나 어울리는 줄 아나요? 고요히 빛나는 밤하늘의 별처럼, 타라도 그렇게 아름다워요."

샤인은 따뜻한 눈길로 타라를 잠시 바라보았어요. 그러더니 갑자기 또 큰 소리로 웃었어요.

"오호호호! 다들 아무 걱정하지 마세요. 자, 의상 가져오세요!"

샤인에 말에 옷걸이에 걸린 의상들이 대기실로 들어왔어요. 빨강, 분홍, 파랑 등 원색이 많이 사용된 의상이었지요. 눈이 휘둥그레진 메이나가 말했어요.

"세상에, 이렇게 눈에 확 띄면서도 전혀 촌스럽지 않은 옷은 처음 봐!"

"오, 신이시여. 정녕 제가 입을 의상이 맞나이까! 꿈

이라면 깨지 않게 해 주옵소서!"

갑자기 무릎을 꿇은 페르는 한껏 흥분한 목소리로 소리치며 옷에 절까지 했어요. 페르의 모습이 웃음이 터진 비키와 타라도 모두 무대 의상에서 눈을 뗄 수가 없었지요.

"훗, 당연하죠. 누구의 솜씨인데요. 오호호호!"

그때였어요. 열린 문 사이로 비명이 들려왔어요.

"꺄아아아악!"

깜짝 놀란 멤버들이 복도로 뛰어나갔어요. 문앞에 창백한 얼굴을 한 라마가 서 있었어요. 바닥에는 검게 얼룩진 의상들이 놓여 있었지요.

복도로 뛰어나온 건 이데아 멤버뿐만이 아니었어요. 체리버니 멤버들도 대기실 문을 열고 나왔지요.

"이게 무슨 일이에요!"

체리버니 멤버들의 얼굴이 일그러졌어요. 엉망이 된 무대 의상은 바로 체리버니 것이었기 때문이에요. 라

마는 체리버니의 스타일리스트였고요. 라마가 당황한 듯 말을 더듬었어요.

"그…… 그게, 분명히 회사에서는 괜찮았는데, 지금 펼쳐보니까 누가 먹물을……. 죄, 죄송해요."

"하아. 또예요? 곧 공연인데 어떻게 해요!"

체리버니의 멤버인 제나가 발을 동동 구르며 소리쳤어요. 라마 스타일리스트는 금방이라도 울음을 터뜨릴 듯한 얼굴로 대답했어요.

"어떡하죠? 새로운 의상은 내일 도착하는데……. 지금은 어제 입었던 무대 의상밖에 없어요."

제나는 믿을 수 없다는 듯 경악했어요.

"뭐라고요? 어제 의상을 또 입으라는 이야기예요?"

이 상황을 지켜보고 있던 타라는 조용히 멤버들에게 말했어요.

"내가 체리버니를 도와줄 수 있을 것 같은데. 괜찮을까?"

페르가 발끈했어요.

"도와주긴 뭘 도와줘. 쿠키 사건 잊어버렸어? 뒤에서 우리 흉도 봤다고!"

메이나가 말했어요.

"페르, 너무 그러지 마. 무대에 멋지게 서고 싶은 마음은 우리가 누구보다 잘 알잖아. 도울 수 있다면 서로 도와야지."

타라가 무언가 결심한 얼굴로 대답했어요.

"어려움에 처한 동물을 모르는 척하는 건 위대한 흑표범 타라 님의 자존심이 허락하지 않지!"

타라는 라마 스타일리스트에게 다가갔어요.

"실례해요. 스타일리스트님, 혹시 어제 의상이 원피스인가요? 위아래가 한 벌로 된 옷 말이에요."

"응? 아니야. 춤출 때 팔을 들면 치마가 많이 올라가니까 상의와 하의를 분리해서 만들었지."

"그럼 체리버니 멤버들의 의상 사이즈가 서로 많이 다른가요?"

"아니. 모두 같은 치수의 옷을 입어. 체형이 굉장히 비슷하거든."

제나가 신경질적으로 빽 소리쳤어요.

"왜 갑자기 끼어드는 거예요?"

"어제 의상으로 입으면 돼요."

"뭐예요? 남의 일이라고 쉽게 말하는 거예요?"

화가 나서 씩씩거리는 제나에게 타라가 차분하게 대답했어요.

"어제 의상을 다르게 입으면 돼요."

체리버니뿐만 아니라 이데아 멤버들의 표정도 모두 아리송해졌어요.

"어서 설명해 봐요. 체리버니, 괜찮지요? 어차피 지금 대안도 없는데."

함께 일했었던 샤인의 말에 체리버니 멤버들은 입을 꾹 다물었어요.

"다만 어제 의상을 그대로 입는 게 아니라, 상의와 하의를 섞어서 다르게 입으면 될 것 같아요. 라마 스타일리스트님, 어제 의상을 가져다 주시겠어요?"

타라의 말에 라마 스타일리스트가 허겁지겁 대기실로 돌아갔어요. 그리고 의상들을 꺼내와 바닥에 늘어놓았어요.

"보세요. 이 옷들은 이렇게 짝이에요."

“하지만 상의와 하의를 섞어 입으면 의상이 달라 보일 수 있어요. 이렇게요.”

타라는 늘어놓은 옷 중 치마의 위치를 바꾸었어요.

“어? 그러네. 뭔가 달라 보이네.”

제나가 자기도 모르게 고개를 끄덕였어요.

"이런 식으로 상의와 하의를 바꿔 입으면 서로 다른 옷의 조합을 16가지나 만들 수 있어요."

"16가지?"

타라의 말에 샤인이 깜짝 놀라 물었어요.

"보세요. 상의 1장은 총 4장의 치마와 짝을 지을 수 있어요."

모두가 어리둥절해하자 타라가 차분하게 설명했어요.

"상의 1장으로 만들 수 있는 의상이 모두 4벌이란 뜻이에요. 이제 상의가 2장이라고 생각해 볼까요?"

타라가 양손에 손가락을 네 개씩 펼쳐 보였어요.

"첫 번째 상의에 짝 지을 수 있는 치마가 4장, 두 번째 상의에도 4장이죠. 4+4, 그러니까 모두 8벌의 의상을 만들 수 있어요!"

"오오! 그럼 세 번째, 네 번째 상의도……."

양손으로 수를 세어 보던 라마 스타일리스트가 멈칫했어요. 타라가 빙긋 웃으며 말했어요.

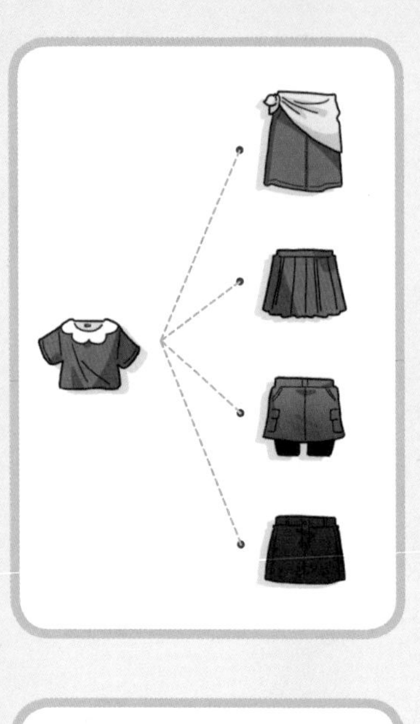
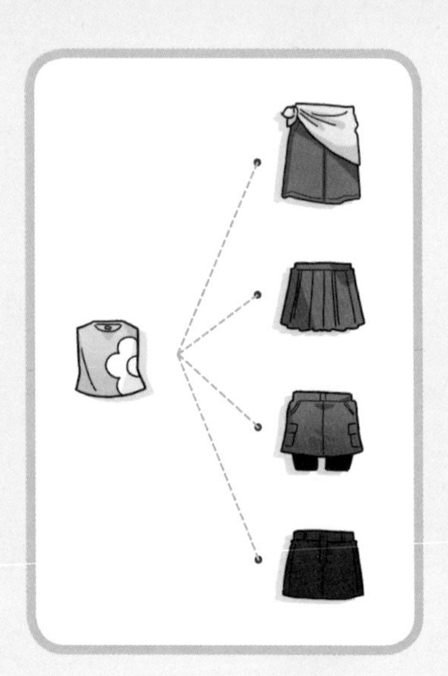
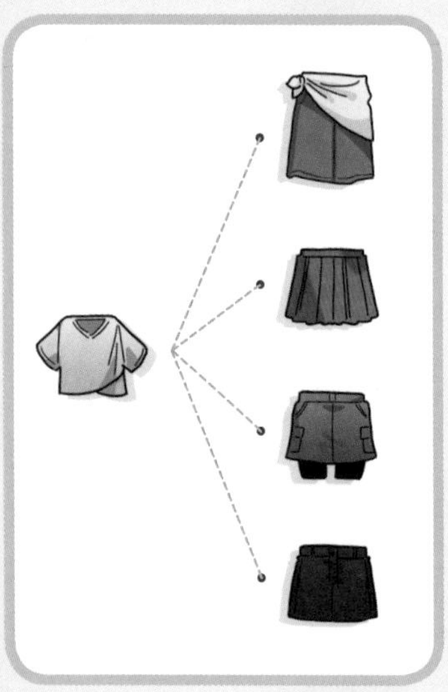
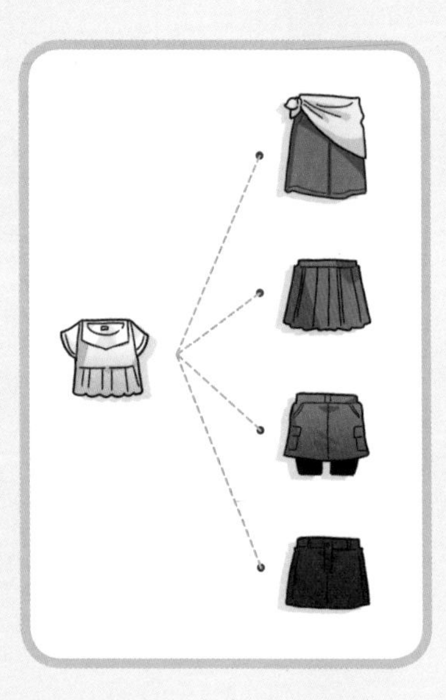

"4+4+4+4, 그러니까 4×4인 16벌이에요."

짝! 짝! 짝!

샤인의 박수 소리에 모두 깜짝 놀랐어요.

"브라보! 정말 놀라운 생각인데? 내가 잘 어울리는 액세서리를 빌려줄게. 난 능력 있는 스타일리스트니까. 괜찮죠? 체리버니?"

"네? 아아…… 네!"

문제가 뜻밖에 해결되자 어안이 벙벙한 체리버니 멤버들이 대답했어요. 샤인까지 도와준다고 하니 거절할 이유가 없었지요.

타라가 밝게 웃으며 자리에서 일어났어요.

"그럼, 어서 준비하세요. 저희도 대기실로 돌아갈게요. 힘내세요, 선배님!"

"잠, 잠깐만요!"

미미가 타라를 불러 세웠어요. 그리고 쑥스러운 듯 말했지요.

"고마워요."

"아니에요. 평상시에 존경하던 선배님을 도와드릴 수 있어서 영광이었어요."

이데아 멤버들은 대기실로 돌아왔어요. 비키가 냉큼 타라의 두 손을 잡았어요.

"타라, 너 정말 대단하다. 어떻게 그런 생각을 했어?"

"맞아. 정말 멋졌어, 타라!"

메이나가 웃으며 눈을 반짝였어요.

"고마워!"

멤버들의 칭찬에 타라는 울컥했어요. 이데아 멤버가 되기 전에는 한 번도 들어 보지 못한 격려의 말이었거든요. 수학을 좋아하고 아이돌을 꿈꾸는 이상한 흑표범. 그게 타라였어요.

비키는 말없이 서 있던 페르를 슬쩍 팔꿈치로 밀었어요. 페르도 작게 한숨을 쉬고서는 입을 실룩였어요.

"뭐, 굳이 체리버니를 도와줄 필요가 있나 싶지

MUSIC FIELDs

만…… 나쁘진 않았어."

"고마워 페르."

타라가 환하게 웃으며 대답했어요.

잠시 후, 이데아 멤버들은 공연을 위해 무대 뒤에서 대기하고 있었어요. 다음 차례가 바로 이데아였어요. 타라의 심장이 터질 듯 쿵쾅거렸어요. 다른 멤버들도 잔뜩 긴장한 탓에 표정이 굳어 있었지요.

"얘들아, 우리 연습한 대로만 하자. 잘할 수 있어."

비키가 멤버들을 다독였어요. 페르가 심각한 얼굴로 말했어요.

"체리버니가 처음에는 우리 흉봤잖아. 관객들도 우리를 싫어하면 어떡하지?"

"나쁜 생각은 하지 말자. 지금은 우리 무대에만 집중하는 게 좋겠어."

비키가 다시 의젓하게 페르를 달랬어요.

"자, 이제 곧 올라갈게요. 준비하세요!"

무대 뒤 스태프가 이데아에게 외치는 소리가 들렸어요. 멤버들은 조명이 꺼진 무대 위로 조심스럽게 발걸음을 옮겼어요. 진행자의 소개가 끝나면 바로 이데아의 역사적인 첫 공연이 시작되는 거예요.

"오늘 '생방송 뮤직 필즈'에서 첫인사를 드리는 그룹이 있습니다."

"꺄! 꺄!"

갑자기 공연장이 환호성으로 가득 찼어요. 이데아 멤버들의 눈도 휘둥그레졌지요. 그때 진행자의 당황한 목소리가 들려왔어요.

"하하, 벌써 체리버니 멤버들이 무대로 올라왔네요. 무슨 일인가요? 체리버니는 오늘 마지막 순서인데요."

공연장이 떠나갈 듯 커다란 환호성은 체리버니를 향한 것이었어요. 오늘 컴백 무대를 하는 체리버니가 자신의 순서도 전에 관객들에게 모습을 드러냈으니까요.

"하나, 둘, 셋! 안녕하세요. 사랑의 요정, 체리버니입니다!"

체리버니는 자연스럽게 인사를 했어요. 제나가 마이크를 잡았어요.

"오늘 저희의 소중한 친구 이데아의 데뷔 무대가 있어서요. 응원해 주려고 나왔습니다!"

"응원요?"

"네, 저희가 어려울 때 도와준 친구들이에요. 뛰어난 실력은 말할 것도 없고요."

"노래도 안무도 너무 멋져서 한번 보면 빠져나올 수가 없더라고요."

핑키와 미미가 한마디씩 보탰어요. 그리고는 관객들을 향해 제나가 크게 외쳤어요.

"여러분, 저희 무대인 것처럼 응원해 주실 거죠?"

관객의 함성에 진행자가 외쳤어요.

"이데아의 무대입니다.「빛 속으로」!"

바랐어
오늘만을 바랐어!
우리가 함께하는 이 순간!
끝없이 펼쳐진 어둠 속에
홀로 빛나는 널 찾아가.
언제까지라도 놓지 않을 거야.
맞잡은 우리 두 손.

함께해
우리 모습 이대로
그대로의 너를 사랑해.
널 지치게 하는 시선들은
생각하지 마.
소중해
우리만의 이데아,
꿈꿔 왔던 행복의 빛.
이 세상 속에서 힘들었던
기억 모두 잊어.

"하아…… 하."

열정적으로 공연을 마치고 타라는 숨을 몰아쉬었어요. 떨리는 눈으로 관객석을 바라본 그때였어요.

"와아!"

공연장이 떠나갈 듯한 환호성이 터져 나왔어요. 이데아의 멤버들은 누가 먼저랄 것도 없이 손을 꽉 마주 잡았답니다. 드디어 세상을 향한 그룹 이데아의 멋진 도전이 시작된 거예요!

타라가 벅찬 목소리로 외쳤어요.

"앞으로 저희 이데아의 멋진 무대 기대해 주세요!"

같은 옷을 색다르게 입는 법? 경우의 수!

생방송 뮤직 필즈. 내가 그 꿈의 무대에 서다니! 환호성이 들릴 때마다 등에 소름이 돋았다. 무대 위가 아니라 하늘을 날아다니는 듯했다!

그나저나 체리버니 선배님들이 우리를 직접 소개해 주실 줄이야. 덕분에 관객들이 무대를 편견 없이 봐 준 것 같다. 난 그저 경우의 수를 이용해 어제 입었던 옷을 색다르게 입는 방법을 알려 주었을 뿐인데……. 내가 남들에게 도움이 되었다니 기쁠 뿐이다.

경우의 수는 예상되는 상황의 개수를 말한다. 예를 들어, 동전은 앞면과 뒷면이 있다. 그래서 동전 하나를 던질 때 나오는 경우의 수는 2이다. 앞면이 나오는 경우와 뒷면이 나오는 경우가 있기 때문이다.

상의 4장과 하의 4장을 짝 지어 입는 경우의 수

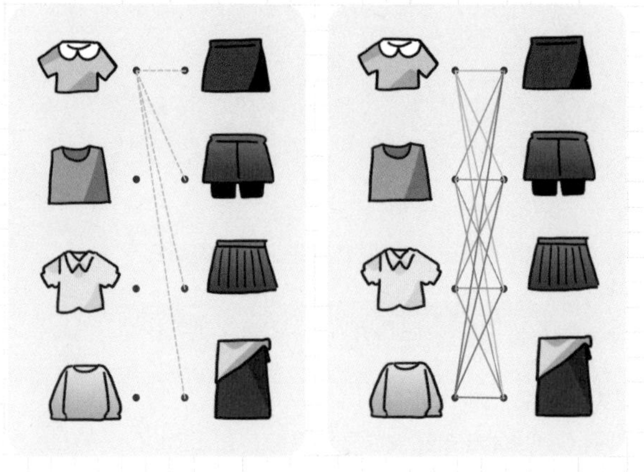

상의 4장과 하의 4장을 짝지어 입는 방법의 개수는 곱셈을 이용하면 금방 구할 수 있다.

$$4+4+4+4$$

$$\downarrow$$

$$4\times4=16$$

최고의 아이돌이 될 때까지, 태양처럼 밝게 빛나는 스타가 될 때까지 열심히 노력할 거다. 다시 연습이다!

★ 타라의 스페셜 인터뷰 ★

지난주에 데뷔한 화제의 아이돌 그룹,
이데아의 타라 님을 모셨습니다. 안녕하세요.

안녕하세요,
그룹 이데아에서 리드 보컬을 맡고 있는 타라입니다!

특별한 노래 실력만큼이나 타라 님의 수학 실력도 화제인데요.
체리버니도 타라 님에게 큰 도움을 받았다지요?
수학을 좋아하는 이유가 있을까요?

수학은 누구나 인정하는 답을 찾을 수 있잖아요.
수학 문제를 딱 해결하고 나면 속이 시원해지는 느낌이에요!

어? 과학이나 사회도 문제에 답이 있지 않나요?
문제집을 풀면 답이 있는데요.